藏在身边的自然博物馆

植物馆

李青为 主编

张颖 著

宋瑶 刘正一

王安雨 高佳乐 绘

在厨房

童趣出版有限公司编 人民邮电出版社出版

北 京

序言

中国科学院院士致小读者

人类文明的产生和延续离不开植物，植物是人类社会存在与发展的根基。从古至今，人们的衣食住行、生产生活与植物息息相关。本套丛书从不同角度描绘了人们身边的植物，把"在客厅、在厨房、在郊外、在身上"的相关植物追根溯源，并以温暖的手绘图画的形式呈现给小读者们。

　　书中"观察笔记"也是不可或缺的部分，在传播知识的同时，作者充分考虑到孩子们喜欢动手探究的特点，把动手实践环节融入其中，增加了本书的科学性和趣味性。

　　本套丛书以孩子们喜爱的方式展示了生活中形形色色的植物，在突出科学性的同时兼顾了艺术性，是一套值得小读者阅读的科普读物。

主编
的话

植物的世界

　　曾经和一位朋友在微信里聊天，我把喜欢的植物照片与他分享，他笑言："看来植物都差不多，因为都是绿色的。"我想可能大部分不了解植物的朋友都会有类似的感觉，但如果你停下脚步，仔细观察身边的植物，就会发现它们的千姿百态，就能发现一个不一样的世界。

　　植物的世界是丰富多彩的。有的植物的叶状体（即无真正的根、茎、叶分化的植物体）大约只有1毫米宽，比如芜萍；有的植物叶片直径能超过2米，如王莲；有的植物花香悠远，如九里香；有的植物花朵臭不可闻，如巨魔芋；有的植物可以高达百米，如巨杉；有的植物只能贴着地面长大，如葫芦藓。

　　植物的世界是充满智慧的。在漫长的演化过程中，猪笼草叶片的前端长出了一个"捕虫笼"，笼口的蜜露是虫子致命的诱饵，如果不小心掉下去就会被消化得只剩躯壳；酢浆草在公园里很常见，细心的朋友会发现，当果荚成熟后只要有一点儿外力，里面的种子就被弹出去很远，这是酢浆草妈妈为孩子能有更广阔的空间而做出的努力；还有石榴，红红的果实是鸟儿无法抵御的诱惑，易消化的果肉给鸟儿提供了营养，而种子却完好无损地随粪便排出，这些粪便为种子萌发提供了上好的肥料；还有各种"诡计多端"的兰花，为了传宗接代把昆虫骗得团团转……

植物的世界是异常残酷的。绞杀榕的种子有可能被鸟儿带到大树上，一开始长得很慢，但等到它的根接触到大地后一切就已经注定。无数逐渐增粗的根限制了附生大树的生长空间，枝叶几乎遮盖了所有阳光，若干年后被攀附的大树消失，绞杀榕取而代之……菟丝子则更加直接，种子在土中萌发，遇到寄主则缠绕而上，茎上长出"吸器"，直接吸取寄主的水分和养分；还有植物界的"杀手"紫茎泽兰，凭着巨大的后代数量与神秘的化感物质，摧枯拉朽般抢占着土地。而这些，只是看上去平淡无奇的绿色世界中小小的插曲。

植物的世界与人类是息息相关的。小朋友们，你们知道吗，我们呼吸的每一口气，都含有植物光合作用产生的氧气；吃下去的每一口饭，都直接或间接来自植物；甚至身上穿的衣服都有可能来源于植物。大自然孕育了我们，当我们沐浴在温暖的阳光下尽情游戏的时候，是否想过要多认识一下身边不起眼的花花草草，多认识一下这个亿万年来陪伴着我们的神奇世界？

需要特别说明的是，本书涉及植物分类信息参考 APG IV 系统、多识植物百科网与 iPlant.cn 植物智平台。本书编纂完成耗时近三年，因百科知识复杂，有精选的讨论，有表达的讨论，也有排版的讨论等诸多有深度、有创意的讨论。尽管做了很多，但还有很多不足之处，敬请各位同行和读者指正。

我把这套书献给对世界充满好奇和热爱的孩子们。快来吧！走进这座大自然的博物馆，这里有很多秘密等待我们去探索哟！

李青为

中国科学院植物研究所北京植物园

目 录

 (decorative)

香味的魔法 / 27

甜蜜与油润 / 33

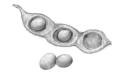 

蔬菜的丛林

　　要想长得更高、更强壮，我们的餐盘里一定少不了五彩缤纷的蔬菜。因为蔬菜里含有丰富的膳食纤维、多种维生素和矿物质，这些营养物质能让我们的肠道更通畅、体格更强健。我们每个人都离不开蔬菜。但是，面对给我们提供各色营养的蔬菜，你是否有过这样的疑问：我们餐桌上吃到的，是蔬菜的什么部位？它们是否也像我们小朋友一样，拥有不同的个性？那些历经千辛万苦，漂洋过海才来到我们面前的蔬菜，经历了怎样有趣的故事呢？……接下来，让我们一一认识餐桌上这些熟悉又陌生的蔬菜朋友吧！

吃叶子

　　叶子就像是蔬菜的头发，这些"头发"的颜色千差万别，散发的香味和滋味也各有特色。它们有的汁液丰富，味道鲜美；有的质地奇特，口感迷人。一些种类的叶子可以被直接拌成清脆美味的蔬菜沙拉，也有一些叶子主要用于调味，嫩绿的韭菜搭配鸡蛋，奇特的藿香为大饼增香。

　　还有神秘的茴香、香菜、小葱，它们的味道有人爱之如命，也有人完全接受不了。而薄荷、罗勒、百里香、迷迭香这些气味独特的叶子仿佛都有不同的魔法，是很多西餐的灵魂。

大力水手的菠菜

菠菜，木兰纲，苋科，菠菜属；草本

还记得《大力水手》这部动画片吗？大力水手常常随身带着法宝——菠菜，吃了可以变得强壮。菠菜富含维生素及磷、铁等元素，营养价值很高。菠菜的叶子成熟时像一把把战戟，仔细观察会发现，它的茎心是中空的，根系是红色的，形状呈一个粗长的圆锥形。它的根不但可以食用，而且口感甜甜的哟！菠菜绿色的叶子和红色的根让它们得到了"红嘴绿鹦哥"的美称。

烹饪菠菜的秘诀

菠菜吃起来会有一点儿明显的涩味，这是因为它含有丰富的草酸。当草酸跟牙齿表面的钙发生反应，会让我们的嘴巴感觉涩涩的。只要在食用菠菜之前用热水焯一下，就能享用美味的菠菜啦！

什么？菠菜也分男和女？

菠菜是雌雄异株的植物，雌株会结种子，有些品种的雌株还带刺呢。

你知道吗❓

菠菜榨的汁是碧绿色的，是健康天然的植物色素，可以拿来和面，加工各种面点，既漂亮又有营养。

多彩的甘蓝

甘蓝，木兰纲，十字花科，芸薹属；草本

　　我们吃到的很多蔬菜都是由野菜或野草培育来的，甘蓝型蔬菜就是这样的典型。鲜嫩爽口的卷心菜、清脆的紫甘蓝、白白胖胖的菜花和绿油油的西蓝花，这几种我们餐桌上常见的蔬菜其实有着共同的祖先，那就是甘蓝。结球甘蓝，也就是我们常吃的卷心菜，层层包裹之下的菜叶就像带了"防尘装置"，能隔绝很大部分的灰尘，但小朋友们在吃之前仍然要清洗干净哟。

包菜宝宝不是球

　　我们在超市见到的包菜都是球形的，但其实包菜在"长大"后才会长出"结球叶"，在发育初期它们的叶子是张开的。

甘蓝里的小可爱

　　还有一种迷你甘蓝，叫作抱子甘蓝，它们的蛋白质含量在甘蓝家族中名列前茅。抱子甘蓝在西餐中出现较多，一般经过烤制之后食用。

叶牡丹——羽衣甘蓝

　　这种紫红色的"花朵"可不是花，而是甘蓝的后代——羽衣甘蓝，它们的形状和颜色很美丽，而且十分耐寒，所以更多地用来做观赏植物。

苋菜"流血"啦!

苋,木兰纲,苋科,苋属;草本

蔬菜也有血液吗?当然没有,但有些蔬菜的汁液看起来却很像鲜血,苋菜就是其中之一。苋菜又名米苋,故乡在中国、印度及东南亚等地,是一种生命力很强的植物,自古以来就被当作野菜食用。按叶片颜色的不同,苋菜可以分为绿苋、红苋和彩苋三种类型。它们不仅色彩鲜明,还含有丰富的胡萝卜素和维生素 C,以及铁、磷、钙等矿物质,其中含铁量甚至比菠菜还高呢!"六月苋,当鸡蛋;七月苋,金不换"这个说法真是太贴切啦!

彩苋叶片边缘为绿色,叶脉附近为紫红色。

彩色馒头

试一试跟爸爸妈妈一起做苋菜汁馒头吧!

为美食添一抹红

苋菜因为含有天然色素,常被用来提取红色染料,尤其是用作食品染色剂,糖果、汽水和糕点中的色彩可能都有苋菜的身影哟。

苋菜为什么会"流血"?

红苋和彩苋里富含红色素,所以它们的汁液是红色的。那么吃苋菜能补血吗?苋菜中虽然含有一定的铁,但并不能被当作补血食物。

空心菜为什么空心？

蕹（wèng）菜，木兰纲，旋花科，虎掌藤属；草本

说起空心菜，南方的小朋友一定不会陌生，它有个更可爱的名字叫"藤藤菜"。空心菜的学名为蕹菜，是一种在我国南方比较常见的蔬菜。不同品种的空心菜叶片形状有所不同，较宽的大叶空心菜叶片是心形的，而细窄的叶片呈戟形。空心菜圆柱形的茎是中空的，而且一节一节的像竹子一样。它们"性格随和"，在水里和土里都能长得朝气蓬勃。

空心菜为什么空心？

空心菜为什么空心？

空心菜喜欢生长在温暖湿润的地方，它们空心的茎有利于在水中生长时储存空气。经过长期的自然选择，植物们进化出一些看似神奇的结构，其实都是为了自身更好的发展哟。

番薯的"亲戚"

空心菜其实和番薯是"亲戚"，而且番薯的嫩茎叶也是可以吃的，口感和空心菜很像。

这真的不是牵牛花

空心菜跟牵牛花也是"亲戚"。空心菜的花朵像一只只小喇叭，许多人见了都不禁会问："这不就是牵牛花吗？"

你知道吗？

由于空心菜的茎是中空的，所以经常会有小虫子生活在里面，清洗的时候一定要仔细哟。

吃果实

　　除了绿叶菜，很多果实类的蔬菜也能提供同样丰富的营养。茄子、苦瓜、秋葵等就是果实类蔬菜的代表，而像西红柿、黄瓜等果实的身份比较特殊，既能当蔬菜来烹饪，又能当水果来生吃。

　　果实类蔬菜主要有三大类：第一类为浆果类，包含我们常吃的软软的茄子、火爆的辣椒以及酸甜可口的西红柿等；第二类为荚果类，主要是豆类蔬菜，比如豇豆、菜豆、豌豆等；第三类为淀粉含量较高的瓠（hù）果类，比如南瓜、西葫芦等。我们一起去听听它们的故事吧。

水果还是蔬菜？

番茄，木兰纲，茄科，茄属；草本

细细想想，从意大利面、披萨，到墨西哥煎饼，从俄罗斯的罗宋汤到泰国的冬阴功汤，好像都少不了西红柿的滋味呢。我们中国的餐桌上更少不了它。关于西红柿，有一个有趣的故事：西红柿最早生长在南美洲，当时人们十分警惕其鲜艳的颜色，从不敢品尝。直到17世纪，一位法国画家冒着生命危险尝了一个，发现它不仅没有毒，味道还十分可口，西红柿这才慢慢登上人们的餐桌。

西红柿吃法多多

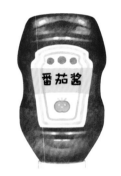

西红柿含有丰富的矿物质、碳水化合物、维生素、有机酸等营养成分，既能当水果，又能当蔬菜，生食、熟食均可，还可以加工成番茄酱。

种植西红柿

挂在藤上的"小灯笼"

西红柿属于藤蔓植物，它的根系长在土里，果实长在藤上。人们一般会在它生长的土里插上竹竿，它会顺着竹竿往上爬哟。

大家一起喊"茄子"

茄，木兰纲，茄科，茄属；草本或亚灌木

我们在拍照时只要大喊"茄子"，就能留下很自然的笑脸。在古代，茄子常被称作"茄瓜"，其实，茄子是茄科的"科长"，和"地三鲜"里另外"两鲜"——土豆、辣椒是一家。我们餐桌上的茄子都是经过驯化的，紫色和绿色最常见。不过你知道吗，最早的茄子竟然是黄色的，个头也不大。在南方，细长形状的茄子还有个美丽的名字叫"落苏"。

圆茄子

长茄子

小茄子

低调的茄子花

你见过茄子花吗？在北方，茄子一般在6~8月开花结果，花色有白有紫，藏在叶片中很不起眼。

霜打的茄子——蔫了

如果看到一个人无精打采的，我们常常会用"霜打的茄子"来形容他，这是因为茄子害怕严寒，无防护的茄子经过霜打后水分流失，表皮就会变得皱巴巴的。

绿茄子？紫茄子？

绿色的茄子也很常见，相比于紫茄子，绿茄子水分更多，吃起来会更加清爽。不过，紫色茄子花青素含量更高。

百搭的茄子

茄子特别能吸油和调料，可以做出各种美味。不过长时间的高温烹制会使茄子的营养大打折扣，所以在众多吃法中，拌茄泥可以说是最健康的哟。

偶尔吃点儿"苦"

苦瓜，木兰纲，葫芦科，苦瓜属；草本

　　苦瓜是蔬菜界少见的吃起来苦味十足的菜肴。炎炎夏日，吃点苦瓜会帮你抚慰心里的燥热和火气。不过吃它的代价就是有点儿苦。其实，在餐桌上偶尔吃点儿"苦"，也是很健康的，这也是苦瓜拥有一众粉丝的原因。苦瓜的形状像长长的纺锤，表面像癞蛤蟆的皮肤一样，有很多瘤状突起，所以又被称为"癞瓜"。

苦瓜还能不苦？

　　切开苦瓜，用勺子或刀去掉瓜瓤，然后撒上一些食盐，腌制十分钟，最后用清水冲洗，原本苦得令人吐舌头的苦瓜会变得可口很多哟。

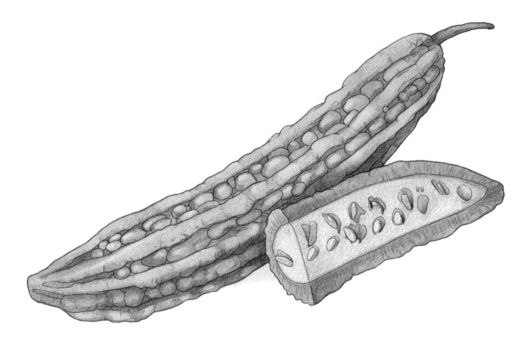

苦瓜——君子菜

　　苦瓜还有一个美称叫"君子菜"，因为苦瓜虽然很苦，但与其他菜搭配时既不会把苦味传给对方，自身的苦味也不会受到对方的影响，所以人们称赞苦瓜有"君子之德"。

先苦后甜

　　我们吃的苦瓜其实是没有成熟的苦瓜，当苦瓜成熟的时候会变成金黄色，瓜瓤变成鲜红色，那时候的苦瓜就是甜的啦。

秋葵的故事

黄蜀葵，木兰纲，锦葵科，秋葵属；草本

黏糊糊、滑溜溜、口感有些奇特的秋葵你吃过吗？第一眼看上去，秋葵长得有点儿像缩小版的青椒，但秋葵穿着一件"毛外衣"，只要摸一摸略粗糙的表面，就能轻松地分辨这两者了。秋葵的故乡在非洲，20世纪初才来到中国。它们看起来像一座尖尖的宝塔，又好似一根羊角，所以又名"羊角豆"。秋葵的植株可以长到1~2米高，通常一片叶子伴随一朵花，花开后结的果实就是我们吃到的秋葵，采摘时只需要沿着叶子根部摘下就可以啦。

会"拔丝"的蔬菜

当你掰开一根新鲜秋葵，就能看到透明的黏液。千万别小看这些黏性液体，它们含有丰富的可溶性纤维素，有助于肠道蠕动哟。

秋葵还能煮咖啡

秋葵还有一个名字叫咖啡黄葵，它们和咖啡有什么关系呢？切开秋葵，你会发现里面有许多小小的种子，秋葵的种子经过加工，摇身一变成了"秋葵咖啡"，味道和咖啡一样醇香呢。

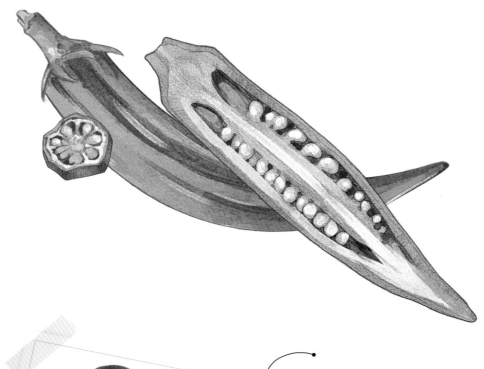

秋葵吃法多多

我们最常吃的是凉拌秋葵，有时我们也会在饭店的蒸蛋里见到切碎的秋葵丁，好看又好吃。秋葵加工成的秋葵脆，受到许多小朋友的喜爱。

吃茎

如果把植物比作一台机器，那么茎就是一条粗粗的管道，负责把根部的水分和无机盐等营养物质运输到叶子，把光合作用产物运输到植物体所需的各个部位，是植物的三大营养器官之一。

大多数植物的叶子和花就长在茎上，但也有些植物的茎光秃秃的，还有些植物的茎像根一样藏在土里。茎的形态也千奇百怪，有的像球一样圆鼓鼓的，有的像花朵一样层层叠叠地包裹着自己，根状茎、块茎、鳞茎、球茎都是常见的类型。

莲藕"睡醒"了

莲，木兰纲，莲科，莲属；草本

"映日荷花别样红"，荷花不仅花朵漂亮，茎还可以吃呢，它们就是餐桌上常见的藕。藕不像一般植物的茎秆那样是直立的，而是卧在淤泥里"熟睡"。每到夏秋季节，它们就渐渐成熟了，农民伯伯把"睡醒"的莲藕从荷塘里采挖出来，洗净表面的淤泥，我们就能享受到这道美味了。莲藕也像我们一样需要呼吸，不信你看，藕上布满了大大小小的孔洞，这些孔洞能够帮助莲藕在泥水中正常呼吸。

藕断丝连

咬一口藕片，你会看到有很多亮丝仍然连接在一起，这些丝是藕内部的"导管"，它们承担着为荷花运输养料的重任。这些丝有弹性，就像弹簧一样，可以被拉得很长哟。

莲藕孔数的秘密

仔细观察我们会发现，有些藕有9个孔，而有些有7个。通常来说，九孔的藕脆嫩多汁，比较适合凉拌和清炒；而七孔的藕淀粉含量丰富，口感比较软糯，更适合煲汤喝。

每一口藕都不容易

藕虽然好吃，但挖藕却是一项艰苦的工作，因为莲藕生长在湖底深深的淤泥中，用不上任何机械化的工具，只能靠人力来挖。

难以抗拒的薯香

阳芋，木兰纲，茄科，茄属；草本

马铃薯也叫洋芋、土豆，是从土里刨出来的块状茎。别小看这些"灰头土脸"的小土豆们，小朋友们爱吃的薯片、薯条等小零食都是用它们做成的哟。米饭、面条还有馒头被我们叫作主食，土豆其实也是一种主食，它和水稻、小麦、玉米一起，被称为当今世界的四大粮食作物。土豆与肉类等一起炖煮，或者家常清炒，都非常美味。可以毫不夸张地说，小土豆仅凭一己之力就占据了菜谱的半壁江山！

小心，有毒！

买回来的土豆放久了，表皮上会冒出几个小芽，这样的土豆可千万不要吃，因为这时候的土豆已经产生了一种叫龙葵碱的毒素，一旦食用就可能引起中毒。

土豆美食大集合

薯片

土豆泥

薯条

土豆成长记

挑战味蕾的折耳根

蕺（jí）菜，木兰纲，三白草科，蕺菜属；草本

不认识折耳根没有关系，只要你尝过一次，就一定再也忘不了它的味道。折耳根又叫鱼腥草，"菜如其名"，它的腥味让很多人都退避三舍。其实折耳根有个更正式的名字叫"蕺菜"，因为我们通常摘取它的根茎作为食材，因此也有了"蕺儿根"的叫法，在西南方言中又逐渐演变成了"折耳根"。尽管饱受争议，折耳根在云南、贵州、四川等西南地区还是拥有众多粉丝的，常常作为佐料或者凉拌菜在饭桌上出现，是许多人的心头好。

折耳根不是根

别误会，折耳根可不是根，而是地下茎！别看它长在地面上的叶子还没高过人的膝盖，但它的地下茎可能已经悄悄长到 60 厘米甚至更长了呢！

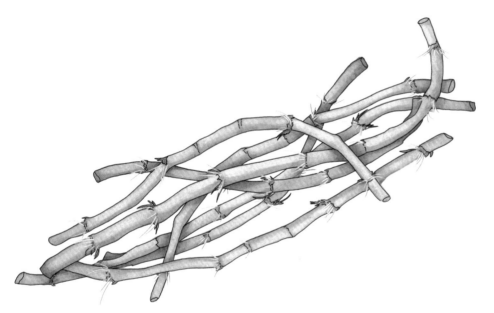

味蕾的挑战

在我国西南地区，人们对折耳根的感情很深厚。除了凉拌折耳根，在火锅、炖鸡、炒腊肉等菜品中都有折耳根。对于不爱吃折耳根的人来说，这可是对味蕾的大挑战！

浑身上下"重口味"

蕺菜的叶子也可以食用，它和根茎部位一样也有一股腥味。用开水焯一下，腥味能减轻不少哟。

榨菜是什么菜?

茎瘤芥，木兰纲，十字花科，芸薹属；草本

说起粥的"最佳拍档"，人们第一个想到的还是榨菜。但是你一定没有在菜市场见过哪种新鲜的蔬菜名叫榨菜，那么榨菜到底是什么菜呢？榨菜的原料是一种叫作茎瘤芥的蔬菜，它们是芥菜的一个茎用变种，大肚子疙疙瘩瘩的，颜值实在不高。不过经过压榨脱水、腌制，茎瘤芥就"变身"成了味道咸香的榨菜。制作榨菜的过程中需要反复压榨去掉水分，使它们变得又脆又紧致，因此被称为榨菜。

榨菜是踩出来的？

有些地方的榨菜是由人力踩踏压榨的，这是为了让盐分更充分地进入菜中。这份工作可不好做，工人不仅要经过严格的清洗检查，还要有足够的力量来进行长时间的踩踏。

"辣妹子"家族

雪里蕻　　油芥菜

芥菜家族的成员个个都是"辣妹子"，因为它们通常都有着强烈的刺激性气味，吃起来要么太苦要么太辣。

坛子里的美味

① 洗净

② 切条

③ 一层盐
一层榨菜
盐

④ 24h 放置24h

⑤ 倒掉排出的水分

⑥ 放入调料

⑦ 密封保存1个月

吃根

　　在太阳照不到的地下，植物的根也在拼命地呼吸哟，它们默默无闻地承担着为茎和叶子输送水分和养分的工作，同时也起着固定、支撑植物的作用。

　　然而，并不是所有的根都长得像胡须一样，有很多植物就会长出一个明显比其他植物都粗壮的根，肉嘟嘟的，显得饱满圆润，这样的根是为了储存起丰富的水分和养分，我们称其为"肉质根"。肉质根看上去就跟果实一样令人和动物们眼馋，于是有不少成了我们餐桌上的美味。

胡萝卜不是萝卜

胡萝卜，木兰纲，伞形科，胡萝卜属；草本

虽然长得不像胡须，但我们吃的胡萝卜确实是根哟，胖嘟嘟的胡萝卜里富含胡萝卜素等营养物质。"胡萝卜素家族"对人体很重要，它们是维生素 A 的重要来源，足够的维生素 A 对眼睛的发育具有重要的意义，能让你的眼睛更加明亮。常见的胡萝卜是橙红色的，但可别把它的名字叫成"红萝卜"哟，胡萝卜也有深红色、黄色、白色的，它们最早的祖先甚至是紫色的，没想到它们深藏在地下，还有那么漂亮多变的"外衣"呀！

为什么"姓胡"？

有些蔬菜的"姓氏"其实就宣告了它们的来源。比如，胡萝卜最初是从西域传入的，当时西域的少数民族被统称为"胡人"，于是胡萝卜就有了"胡"这个"姓"。

小兔子不爱吃胡萝卜

"小白兔，白又白，两只耳朵竖起来，爱吃萝卜爱吃菜……"其实胡萝卜不是小白兔的最佳食物哟。因为胡萝卜热量较高，过度摄入甚至可能会让小兔子出现消化问题。

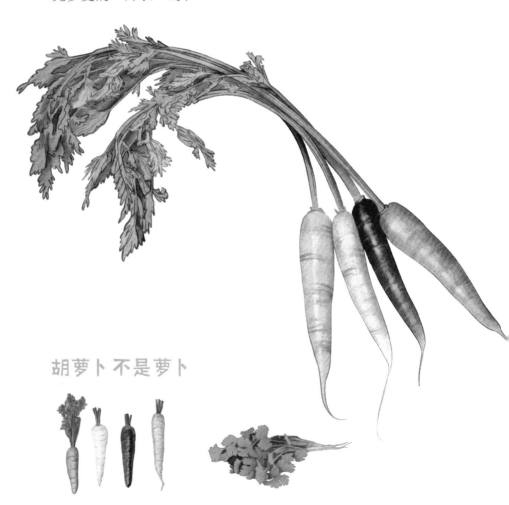

胡萝卜不是萝卜

听名字胡萝卜和萝卜好像是"一家人"，其实萝卜属于十字花科，而胡萝卜则是一种伞形科植物。要是论"亲戚"，胡萝卜和香菜的关系才更亲密呢。

"当家蔬菜"——萝卜

萝卜，木兰纲，十字花科，萝卜属；草本

真正的萝卜在这里！萝卜属于一个叫"十字花科"的家族，和白菜是关系很近的"亲戚"，萝卜的根也是一种肉质根，比胡萝卜还要水嫩白胖，有时候还会胖成一个圆鼓鼓的球。萝卜的味道没有胡萝卜那么甜，甚至有点儿辣味。我们中国人自古以来就对萝卜非常偏爱，关于萝卜美食的记载不胜枚举，到现在它们已经算是我们餐桌上的"当家蔬菜"了。萝卜的做法有很多，可以腌制成萝卜干，甚至简单地生切泡在醋里，就会是一道开胃爽口的小菜呢。

萝卜缨子用处大

想制作自己的萝卜小盆栽吗？找一个浅一些的容器，倒上水，将"萝卜头"放进去，用不了多久就能长出新的萝卜叶子。

小巧的樱桃萝卜

千万别以为萝卜"家族"都是白白胖胖的，身材娇小的樱桃萝卜可以算是"颜值"最高的成员了。它们口感又脆又甜，完全不输给水果呢。

嘿哟嘿哟！拔萝卜！

"甜心"美食——红薯

番薯，木兰纲，旋花科，虎掌藤属；草本

　　红薯可以说是"粉丝"众多的"明星食物"了，光是名字就有许多：白薯、地瓜、番薯、甘薯……红薯之所以有这么强大的"群众基础"是因为它们的适应性非常强，在南方和北方的土壤里都能存活，并且产量惊人，曾经是一代人的"救命粮食"呢。红薯不仅口感软糯香甜，营养也非常全面，红薯中的胡萝卜素含量甚至比胡萝卜还高呢。

冬日的"暖手宝"

　　冬日街头的"暖手宝"除了油亮的糖炒栗子，还有香甜的烤红薯。

红薯的花式吃法

　　除了烤着吃、蒸着吃，红薯由于富含淀粉，还可以被加工成粉条呢。清香可口的红薯粉条做法多样，非常受欢迎。

红薯叶也能吃

　　其实红薯的地上茎叶也是可以食用的哟，无论是炒制、凉拌还是煮粥都很美味，不过别忘记先把红薯茎上的皮去掉。

试一试用红薯茎做项链吧！

谷物有智慧

　　我国的传统饮食文化里有"五谷杂粮"的说法，但其实它指的并不只有五种植物，而是泛指所有的粮食作物。我们吃的大米、小麦、玉米、大豆等都可以称为谷物，说到这里你一定明白了，原来谷物指的就是我们常说的主食呀！五谷家族位于我国居民平衡膳食宝塔的基层，是我们最主要的能量来源。你知道吗，谷物的祖先其实都是又小又瘦的，就像大自然里一棵毫不起眼的小草。千百年来，劳动人民通过一代又一代的选育和栽培，不断改良品种，才实现了现在的谷物大丰收。小小的谷物真是凝结了人类的大智慧呢！

稻花香里说丰年

稻，木兰纲，禾本科，稻属；草本

大米在来到我们的碗里之前，经历了一场非常漫长的冒险。它们从遥远的远古时期而来，那时的水稻还只是长着细小颗粒的小野草呢，经过时间的洗礼，它们才逐步成为今天我们餐桌上最常见的主食之一。

各种大米

大米

印度香米

中国黑米

日本短米

泰国香米

美味的米制品

米饭

粽子

米粉

竹筒饭

"杂交水稻之父"

从水稻到大米

水稻丰收后，农民伯伯会收获稻谷，稻谷去壳后一粒粒糙米脱壳而出，糙米颜色有些发黄，还要经过"磨皮美白"的去皮过程才会变成晶莹剔透的大米。

我国科学家袁隆平爷爷带领科学家团队，培育出了超级杂交水稻，实现了水稻产量最大的一次飞跃。

稻谷　　　　脱壳　　　　糙米　　　　抛光　　　　抛光米

百变的小麦

普通小麦，木兰纲，禾本科，小麦属；草本

　　无论是面条、馒头还是许多小朋友爱吃的甜甜圈和泡芙，都来自同一种原料——普通小麦。远古时代的小麦也是一种野生植物，经过人类的驯化和改良，小麦逐渐成为饮食界的"宠儿"，现在它们可是全球主要的粮食作物。最初在土地里的小麦穿着绿色的"外衣"，当这件"外衣"变成黄色时，就代表小麦已经长大了。黄灿灿的麦穗中藏着颗颗小麦粒，当麦粒被磨成面粉后，就能制作各种美食啦。

馒头宝宝出生记

① 小麦脱粒　　② 晒小麦

③ 筛小麦　　④ 磨小麦

面粉

⑤ 面粉制成　　⑥ 按比例放入

⑦ 揉成面团　分成均匀面团　发酵 3 小时

⑧ 加水上火蒸　　完成！

馒头里有麦芽糖?

　　馒头其实是甜的哟。因为小麦里最主要的成分是淀粉，而我们口中的唾液腺会制造一种叫"淀粉酶"的物质，它能够将小麦中的淀粉分解成甜甜的麦芽糖。

一起来吃爆米花

玉蜀黍（shǔ），木兰纲，禾本科，玉蜀黍属；草本

关于玉米有一则笑话："一棵玉米去太阳下暴晒了一会儿，回来就变成了爆米花。"其实美味的爆米花正是玉米做成的哟。玉米的故乡在中南美洲，明代以后才传入我国，现在是我国种植最广的经济作物之一。除了藏在地下的根，玉米还有一种露在地面的支柱根，它们像八爪鱼一样抓住地面，让植株更稳定。玉米果实就长在叶子和茎秆夹角的地方。

玉米晒太阳

农民伯伯们会把吃不完的玉米晾晒在阳光下，这样会蒸发掉一些水分，就能有效减少发霉，可以储存更久。

狗熊掰棒子——掰一个，丢一个

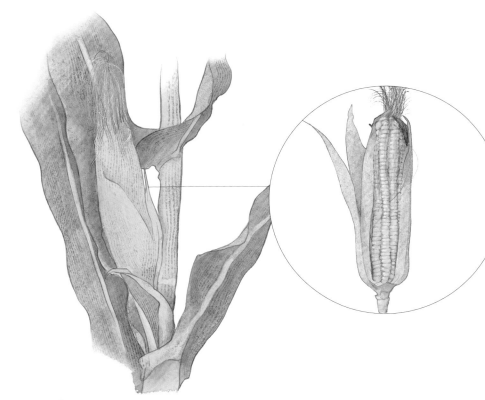

爆米花"爆炸"啦!

爆米花可能是世界上流行时间最长的零食了，最初的爆米花是用"转炉"制作的，随着"砰"的一声，爆米花就从转炉里"爆"出来啦!

朴实无华是高粱

高粱，木兰纲，禾本科，高粱属；草本

你吃过一种叫高粱饴的糖果吗，它的原料之一就是高粱。高粱还长在地里时，和玉米看起来有几分相似，都是高高的茎秆上长着扁长的叶子，头顶着红棕色的花穗。但是高粱的果粒不如"粮食主角团"的其他几种产量高，而且和大米、白面比起来口感较差，所以渐渐退出了主食的行列。不过在酿酒方面，高粱绝对算得上是"主角"，白酒的主要原料便是高粱，红红的高粱经过发酵与蒸馏，化作了一滴滴清透醇香的白酒，真让人惊叹啊！

高粱穗扫把

高粱穗做成的扫把环保实用，现在依旧很受欢迎呢。

高粱是甜的？

有一种零食叫"甜杆儿"，长相和吃法都和甘蔗类似，它们其实是高粱的一个"亲戚"——甜高粱，甜高粱汁液丰富，吃起来很清甜。

高粱饴能拉丝？

高粱饴糖是一种很有嚼劲的糖果，能不能拉丝取决于饴糖的成分，有的饴糖能拉出8厘米长的丝呢。小朋友们可以试一试哟！

黄米不是小米

糜（méi）子，木兰纲，禾本科，黍属；草本

盛夏时节，你一定见过路边的一种野草——狗尾巴草。你能想象吗，它竟然是我们现在吃的一些粮食作物的祖先。在远古时期，经过漫长的驯化，有些狗尾草逐渐演变成了谷子、糜子等粮食作物，这可让狗尾草"身价大涨"，要知道谷子经过加工后就是小米，而糜子经过加工后就是黄米。如果你对黄米有些陌生的话，过年的时候你一定吃过年糕吧，常见的黄米年糕就是黄米做的哟。除了饮食，黄米在酿酒上也有一席之地，可以酿成黄米酒。

黄米的"外套"

黄米在上餐桌之前还要经历一个脱壳的步骤。糜子刚脱粒后穿着一件浅棕色"外套"，脱掉这层"外套"，它们才会变成黄米的样子。

黄米美食

黄米有糯质和非糯质之分，非糯质的黄米可以用来做各种美食，黄米炸糕、黄米馒头、黄米驴打滚等，温暖饱满的黄色让人太有食欲啦！

黄粱一梦有多久？

"黄粱一梦"故事的主角在梦中度过了享尽荣华富贵的一生，醒来才发现，睡前蒸的黄米饭还没熟呢。也就是说，这个美梦只做了不到半小时。

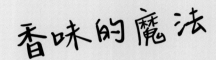

香味的魔法

　　同样的一棵青菜，做成不一样的两道菜，它们的味道为什么会不一样？这就离不开调料的功劳了，调料的不同造就了菜的不同滋味。

　　调料通常包括八角、花椒、桂皮、陈皮等植物香辛料，盐、酱油、蚝油等咸味调料，以及味精、鱼露等鲜味调料。虽然调料是人们用来制作食品的辅助食材，但身材小小的它们在每一道美食中都发挥了大大的作用，下面让我们一起来认识一下这些"个性"独特的调料吧。

花椒之麻

花椒，木兰纲，芸香科，花椒属；小乔木

小朋友，即使你没见到过家里调料瓶中的花椒，也一定有被藏在菜里的花椒粒麻到的经历吧？那种麻麻的口感，好像舌头"触电"了似的。别看花椒身材娇小，它的作用可大着呢！花椒的果皮可以用来做调味料，也可提取芳香油，种子不仅可以食用，还能用来制作肥皂呢。除此之外，人们还可以将枝上长满刺的花椒树当作防护刺篱，看家护院呢。小小的花椒真的浑身是宝啊！

麻香四溢的藤椒

你吃过藤椒鸡吗？藤椒是花椒的"亲戚"，它通体青绿色，麻香味比花椒还要重，通常会被提炼为藤椒油，拌在凉菜里，麻香四溢。

花椒的麻味哪里来？

花椒果是一颗颗小球，颜色大多为青色、红色或紫红色。仔细观察，你会发现它表面布满了小疙瘩，花椒的麻味就来源于藏在这些小疙瘩中的花椒麻素哟。

舌尖上的"跳跳糖"

你一定吃过"跳跳糖"吧，跟花椒在嘴里的感觉是不是有点儿像呢？火锅通常会有对麻辣程度的选择，因为如果太麻，会让整个口腔产生麻木感，影响对其他味觉的感知。

辣椒之火

辣椒，木兰纲，茄科，辣椒属；草本

你知道吗，辣味其实不是味觉，而是一种"痛觉"哟。身材纤细，全身红彤彤、味道火辣辣的辣椒故乡在墨西哥，直到明朝末年才传入我国。辣椒辣味的来源就在于它果皮中含有的辣椒素。如今小辣椒凭借它的火辣获得了许多人的喜爱。吃辣时明明眼泪都被辣出来了，手里的筷子却怎么都舍不得停下。吃适量的辣椒不仅能够刺激我们的食欲，对健康也大有益处。

鸟儿不怕辣？

你有没有见过鸟儿吃辣椒呢？鸟儿不怕辣是因为它们感受不到辣椒素，而且在吃辣椒的同时它们不会消化辣椒的种子，这样鸟儿们就可以帮辣椒把种子传播到各处。

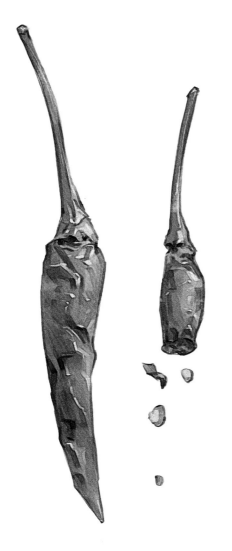

一起来制作辣椒酱

有性格的朝天椒

我们吃到的很多辣椒酱都是朝天椒做的，朝天椒是辣椒的一个变种，它们的辣味更浓，贵州遵义的朝天椒非常有名。

晒辣椒

新鲜的辣椒用线穿起来，晾晒在阳光下，脱去水分，保存的时间更久，辣椒的香味也更浓。

桂皮之香

肉桂，木兰纲，樟科，樟属；乔木

　　树皮也能放到菜里吗？能！你瞧，桂皮就是一块树皮，它们来自樟科樟属的十余种树，天竺桂、川桂、钝叶桂、阴香、华南桂等都是比较常见的桂皮树种。虽然是树皮，但桂皮的气味能让人联想起肉。实际上，桂皮作为肉类的调味品已经有非常悠久的历史。我们餐桌上常见的红烧肉、炖猪蹄，还有一些卤味食品等都少不了桂皮的参与呢。

桂皮树剥皮后还能活吗？

　　桂皮树被剥皮后，只要树干边缘的韧皮部能保存下来，就依然能够存活。不过桂皮树多是人工培养的，被切过的树如果长势不良，一般都会重新栽种。

中国"土著"川桂

川桂叶子

　　川桂是中国特有的植物，也是五香粉的主要成分之一。

桂皮炖肉

　　别看桂皮其貌不扬，但它可以去除腥味，要想让肉类美食又香又可口可少不了它。

闻一闻，桂皮是什么味道？

豆蔻之芳

调料也有一个庞大的世界，就连圆溜溜的豆蔻都有一个小家族，我们常见的名字中带"豆蔻"的有 4 种，分别是白豆蔻、肉豆蔻、红豆蔻和草豆蔻，它们之间的"亲缘"关系有点儿复杂，但都有芬芳的气味，惹人喜爱。

白豆蔻
（姜科，豆蔻属）

白豆蔻是一颗浅色的小球，小球的表面有三道自然纹路，像是把小球分成了三瓣。除了用作调料，白豆蔻也是一味中药。

红豆蔻
（姜科，山姜属）

红豆蔻的果实是比较长的球形，它们主要供药用，用作调料的较少。

草豆蔻
（姜科，山姜属）

肉豆蔻的故乡在马鲁古群岛，果实具有浓烈刺激的气味。在树上的时候，肉豆蔻身上穿着不止一件"外套"，脱了这些"外套"，我们才能看到这些胖乎乎的小球。

肉豆蔻
（肉豆蔻科，肉豆蔻属）

草豆蔻的果实看起来也有三瓣，不过它们的表皮有凹凸的纹路，疙疙瘩瘩的，没有那么光滑。

孜然之辛

孜然芹，木兰纲，伞形科，孜然芹属；草本

你参加过户外烧烤，或是见过烤羊肉串吗？烧烤的师傅经常变魔术般地在烧烤上撒上一种调料，烧烤的味道立刻变得诱人起来，这种神奇的调料就是孜然。孜然的口感风味极为独特，味道芳香而浓烈，闻起来让人食欲大开。无论是炒牛羊肉，还是牛羊肉烧烤，孜然绝对是最绝妙的搭配！孜然不仅香味独特，"出身"也不简单，它们还有个名字是"孜然芹"，和芹菜、胡萝卜可是"近亲"呢。

孜然、茴香一家亲

—— 孜然

—— 茴香

你瞧，孜然果实长得是不是有点儿像另一种香料——茴香呢？孜然和茴香同属于"伞形科"这个大家族，孜然还因此被称作"小茴香"呢。

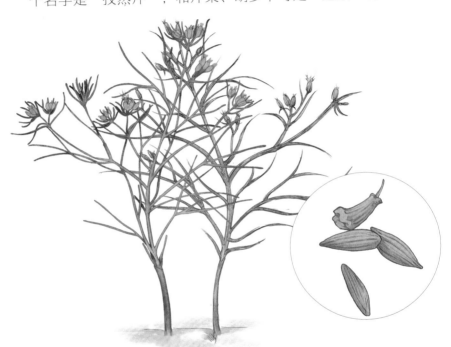

一起来烤串吧！

孜然粒 VS 孜然碎

孜然是羊肉串的"最佳拍档"，每一位烧烤师傅都有自己的特色，有人喜欢用整颗的孜然粒，有人喜欢用磨成粉的孜然碎。

孜然的前世今生

孜然的故乡在埃及和埃塞俄比亚，后来它们的脚步慢慢地踏遍了世界各地，征服了许多人的味蕾。"丝绸之路"的开辟使孜然来到了中国。

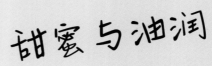
甜蜜与油润

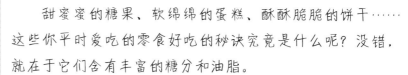

  甜蜜蜜的糖果、软绵绵的蛋糕、酥酥脆脆的饼干……这些你平时爱吃的零食好吃的秘诀究竟是什么呢？没错，就在于它们含有丰富的糖分和油脂。

  糖能带给人快乐的感觉，更重要的是，糖是所有动植物维持生命活动所需能量的主要来源。如何寻找、生产甜味，贯穿着整个人类文明史。早在史前时期，人们就知道从水果或蜂蜜中提取甜味，后来，人们学会了从谷物中制取饴糖，从甘蔗和甜菜中提取蔗糖。

  你注意到爸爸妈妈在炒菜时会放食用油吗？常见的食用油多为植物油脂，能快速加热食物，使食物保持鲜嫩、诱人。

  下面，让我们一起来认识一下这两类生活中必不可少的"朋友"吧！

甜蜜的"竹子"——甘蔗

甘蔗，木兰纲，禾本科，甘蔗属；草本

　　即使你没吃过甘蔗，当你在超市见到它一节一节的样子时，肯定也会联想到另一种植物——竹子。没错，甘蔗可是竹子的"亲戚"，通常生长在热带和亚热带地区，你能在我国台湾、福建、广东、海南等地找到它们。甘蔗中含有丰富的糖分，因此是最重要的制糖原料之一，小朋友们喜欢的各种水果糖、奶糖、蛋糕等零食中的糖分也间接来自甘蔗哟。

"甜蜜"的吃法

　　咬一口甘蔗，真是清甜可口！其实甘蔗除了直接吃，还有不少吃法呢。比如榨成甘蔗汁。另外，甘蔗还可以放到粥里或者用来煲汤。

多种多样的蔗糖

绵砂糖

白砂糖

冰糖

黄砂糖

红糖

方糖

"甜蜜"的诞生

① 采摘甘蔗

② 用压榨机把甘蔗碾成渣

③ 沉淀分离

④ 用石灰将甘蔗内的非糖部分去掉

⑤ 过滤好的甘蔗汁蒸馏获得糖浆

⑥ 在反复的洗涤干燥后，白糖就制作完成啦！

甜甜的"大萝卜"

甜菜，木兰纲，苋科，甜菜属；草本

看到甜菜的样子，你可能会以为这是一棵萝卜，别误会，它们和萝卜没什么关系，倒和苋菜一样，也会染出鲜红的颜色。甜菜圆圆的根部是主要的制糖原料，甜菜的"甜"都藏在这个圆圆的小肚子里呢。切开甜菜根，你还能看到一圈一圈的纹路，有的是红白交替，也有的是深红色。

神奇的天然染料

甜菜是一种天然的粉红色染料，这是因为它含有一种叫甜菜红素的染色物质。苋菜和火龙果也有这种"特异功能"。

甜菜是血浆？

甜菜由于有优秀的染色能力，还会去电视剧里"客串"一把呢！将甜菜汁和淀粉、水、糖浆等按比例混合在一起，就可以制造出非常逼真的假血浆。

甜菜生长的地方

看起来个头不大的甜菜却能忍耐寒冷的环境，在我国新疆、黑龙江、内蒙古等地区你能看到大片的甜菜地哟。

花生之油

落花生，木兰纲，豆科，落花生属；草本

　　"麻屋子，红帐子，里面住着个白胖子。"小朋友，猜猜它是谁？没错，它就是花生。花生又名落花生，历史上曾叫长生果、地果、唐人豆等。剥开淡黄色的"麻屋子"，你就能看到两三个红色的"小豆子"，好看又好吃。由于富含脂肪、蛋白质，花生和大豆一样被誉为"植物肉""素中之荤"。更厉害的是，花生还是非常重要的油料作物。花生油看起来色泽清亮，炒出来的菜非常可口，是我们餐桌上必不可少的调味品。

藏在地下的花生

　　花生是地上开花，地下结果的植物，花生的花朵授粉后，就会形成"果针"，它们会慢慢扎进土里，结出果实。所以我们吃到的花生是藏在地下的。

花生油这样保存

　　花生油的保存也是一门学问，最好将它保存在深色的陶瓷或玻璃容器里，避免沾上水和过多的空气而出现酸败的现象。

花生"大丰收"

　　告诉你一个秘密，通常高度为 40~50 厘米的花生植株能结出更多的花生。

大豆之油

大豆，木兰纲，豆科，大豆属；草本

金秋时节，豆荚饱满，一粒粒大豆就像一颗颗金黄的珍珠。大豆也叫黄豆，是我国重要的粮食作物之一，已经有几千年的历史了。别小瞧身材小小的大豆，它们是非常平价的蛋白质来源，在缺少肉类蛋白的年代，各种豆类就成了人们摄入蛋白质的重要来源。用大豆榨取出的大豆油是我国北方人民的主要食用油之一，越是优质的大豆油，颜色越清澈，不过大豆油的保质期很短，一般只有一年。

金黄的小豆子

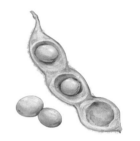

大豆的果实和花生一样为荚果，它们都有一个"屋子"，通常一个"屋子"里住着2~5颗金黄的小豆子。

多样的豆制品

大豆含有丰富的优质蛋白质、不饱和脂肪酸、钙及维生素 B 等营养物质，可以磨成豆腐、打成豆浆，还能制成大豆油、大豆酱等调味品，我国传统的特色美食"腐乳"也是来自大豆哟。

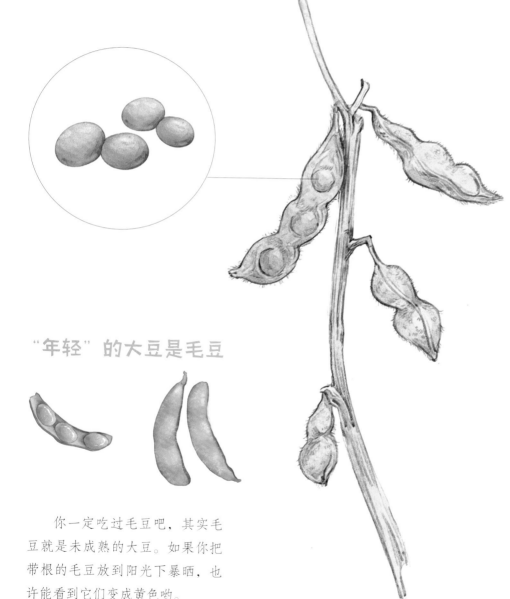

"年轻"的大豆是毛豆

你一定吃过毛豆吧，其实毛豆就是未成熟的大豆。如果你把带根的毛豆放到阳光下暴晒，也许能看到它们变成黄色哟。

芝麻之油

芝麻，木兰纲，芝麻科，芝麻属；草本

来到充满烟火气息的菜市场，你一定会被现榨芝麻油或芝麻酱摊位上转动的磨盘和浓浓的香气深深吸引。停下脚步仔细瞧瞧，原来，我们餐桌上常见的香油和麻酱是这样做成的呀！没错，它们的原料就是一粒粒小小的芝麻，这种又称油麻、脂麻的作物，在我国主要用来榨油，是人类种植的最古老的油料作物之一。在一株芝麻上，往往是靠植株下方的花先开，然后上面的依次开放，也就是人们常说的"芝麻开花节节高"。

绿色的四棱"胶囊"

芝麻的果实形状像一个四棱胶囊，成熟后从顶端像张开嘴一样裂成两半，就露出了种子——也就是我们熟悉的芝麻粒啦。

黑芝麻 VS 白芝麻

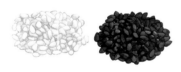

芝麻有黑白两种颜色，用来榨油的主要是白芝麻，而黑芝麻可以直接食用或制成黑芝麻糊等饮品。

芝麻美食

关于芝麻的美食真是数不胜数，有香味浓郁的芝麻饼，永远吃不腻的黑芝麻汤圆，还有北方人吃火锅必不可少的芝麻酱等。

芝麻油是护肤品？

芝麻油的不饱和脂肪酸含量高达 80%，还含有丰富的维生素 E，因此也被用于制造一些护肤品。

观察笔记：从白菜根到小盆栽

记录：

花市里的盆栽非常好看，但是都千篇一律，我们为什么不自己来亲手做一个盆栽呢？环保又有趣的白菜盆栽等你来亲手试一试哟！

白菜根

第一步，你要在爸爸妈妈做白菜的时候保留不要的白菜根，记得让爸爸妈妈在根部以上保留5厘米左右的白菜叶。

第二步，把白菜根放在一个你喜欢的容器里，碗或者口径大一点儿的杯子都可以，加上刚好能没过白菜根部的水。

第三步，将你的白菜根盆栽移到阳光能照到的地方，比如窗台或阳台，让它快乐地晒太阳。记得及时给它补充水分哟。

两三天后，白菜中心的位置就能长出新的嫩叶啦。以后只需要一星期换一次水就可以，耐心地等待，新的白菜叶子中央会开出黄色的小花，非常可爱。

观察笔记：腊八粥里有什么？

记录:

俗话说："过了腊八就是年。"农历十二月初八的腊八节一过，春节的气息就越来越浓了。腊八节是我国的传统节日，其中最重要的习俗就是喝腊八粥了。腊八粥并不是指粥里含有八种食材，而是可以灵活多变地进行搭配。其实，腊八节在最初的时候是个佛教节日，喝的粥也不叫腊八粥，而叫"五味粥"。

现在的腊八粥就像一场谷物家族的盛会，不同地方的腊八粥配方都不一样，一般来说都离不开大米、小米、花生、豆类、桂圆等谷物和水果干等基本的食材，其实是种类非常多变的杂粮粥了。

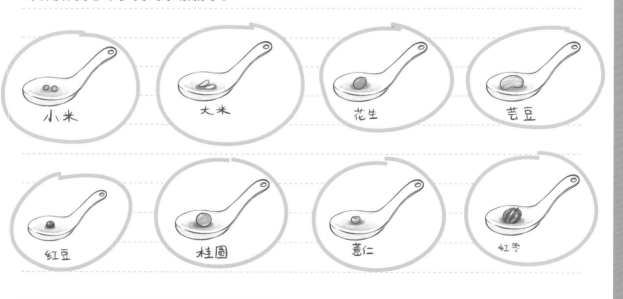

小米　　大米　　花生　　芸豆

红豆　　桂圆　　薏仁　　红枣

请小朋友们到超市或市场观察一下各种色彩丰富的杂粮粥，数一数里面有几种原料，看看能不能说出它们的名字。

观察笔记：香料辨一辨

记录：

　　每一种香料都有自己独特的气味，但有些香料闻起来有点儿相似，你能区分开它们吗？请你和小伙伴一起来做个游戏：收集家里有的所有种类的调料，把它们排列整齐，用小纸条写清楚名称。请你们先仔细观察所有调料的形状，闻它们的气味，并记住这两样信息。然后，蒙上眼睛，先用手触摸一种调料，试着说出它的名称。如果没猜对，再闻闻它的气味，看看自己能否正确辨认这种调料。

　　你和朋友们可以轮流来猜猜看，这样有助于识记这些调料。一起体会厨房里可爱的万物吧！

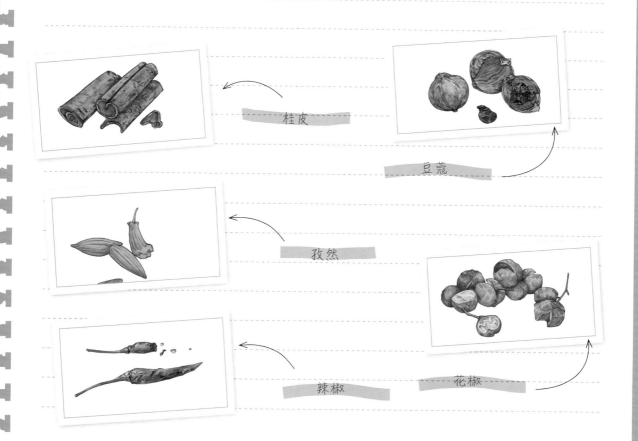

桂皮

豆蔻

孜然

辣椒

花椒

观察笔记：糖果旅行记

记录：

　　糖果五颜六色，非常诱人。你已经知道糖果主要的原料是蔗糖了，但是甘蔗是怎样变成漂亮的糖果的呢？其实也不难，你可以按照下面的方法自己动手试试看。

　　第一步：将半根甘蔗去皮后切成小条，放入加了水的锅里，然后在锅里加入溶化的葡萄糖水（或葡萄糖浆）。

　　第二步：煮大约 15 分钟，用纱布过滤，继续煮至黏稠状。倒入一个模具里面，等它稍微冷却。

　　第三步：你可以准备一点儿食用色素，选自己喜欢的颜色就可以，把色素均匀地刷在冷却凝固的糖液上。

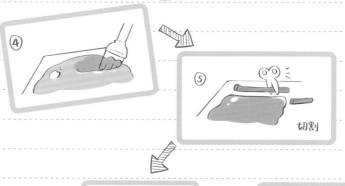

　　第四步：等到色素和糖液完全凝固冷却后，让爸爸妈妈帮忙用水果刀或其他略锋利的工具切割出你喜欢的形状。

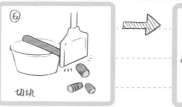

切割

　　瞧！你也能亲手做出美味的糖果啦！

切块

完成！

致谢

　　《藏在身边的自然博物馆》是原创的科普百科绘本，它的每一个字、每一幅画，都是"纯手工打造"。

　　两位主编是对科普创作抱有极大热忱的老师，长久以来，他们在各自的岗位上不遗余力地向少年儿童传播科学知识和科学精神。此次能够合作出版这系列体系庞大、知识面广泛的图书，依赖平时经验的积累，他们是希望借此触达更多孩子，启发孩子的科普兴趣，培养孩子的探索精神。

　　美术指导宋瑶老师带领的北京科技大学插画团队，历时 2 年多，用一笔一画描绘了大自然的鬼斧神工。

　　两位作者都是资深的童书作者，也是大自然的探秘者、动植物的爱好者。她们用一字一句勾勒了动物和植物的灵魂。

　　同时，下面这些人在《藏在身边的自然博物馆》的成功启动上起到了关键的作用。他们在科普知识的梳理上及在文字的反复雕琢上，都费尽了心血。他们有的是专门的动、植物研究人员，有的是青少年科普活动的组织者，有的是活跃在基础教育战线的实践者。在此，郑重对他们表示感谢：首都师范大学教师宋傲修，中国科学院植物研究所博士费红红、张娇、吴学学、单章建，中国林业科学研究院硕士肖群瑶，华中农业大学博士李亚军，北京林业大学硕士滕雨欣、学士石安琪。

　　《藏在身边的自然博物馆》在这样一个优秀团队的努力下，用这种图文并茂的方式呈现给小读者，希望能够激发大家观察自然、探索自然的兴趣，滋养热爱自然、保护自然的情怀。